图书在版编目(CIP)数据

一颗莲子的生命旅程 / 陈莹婷著；花青绘. —— 北
京 : 北京联合出版公司, 2021.3（2024.8重印）

ISBN 978-7-5596-4989-8

Ⅰ. ①一… Ⅱ. ①陈… ②花… Ⅲ. ①莲 – 少儿读物
Ⅳ. ①S682.32-49

中国版本图书馆CIP数据核字(2021)第031024号

本书中文简体版版权归属于银杏树下（北京）图书有限责任公司

一颗莲子的生命旅程

著　　者：陈莹婷
绘　　者：花　青
出 品 人：赵红仕
筹划出版：北京浪花朵朵文化传播有限公司
出版统筹：吴兴元
特约编辑：左　宁
责任编辑：牛炜征
营销推广：ONEBOOK
装帧制造：墨白空间·唐志永

- -

北京联合出版公司出版
（北京市西城区德外大街83号9层　100088）
北京盛通印刷股份有限公司印刷　新华书店经销
字数20千字　787毫米×1092毫米　1/12　$3\frac{1}{3}$印张
2021年3月第1版　2024年8月第13次印刷
ISBN 978-7-5596-4989-8
定价：52.00 元

- -

读者服务：reader@hinabook.com 188-1142-1266
投稿服务：onebook@hinabook.com 133-6631-2326
直销服务：buy@hinabook.com 133-6657-3072
官方微博：@ 浪花朵朵童书

后浪出版咨询（北京）有限责任公司

浪花朵朵

一颗莲子的生命旅程

陈莹婷 著　花青 绘

北京联合出版公司
Beijing United Publishing Co.,Ltd.

秋天，

咚——

一颗莲子落入水中，迷迷糊糊睡着了……

一直睡到第二年春天，
它醒了。
它的硬壳裂开了，
幼叶正努力探出小小的尖头。

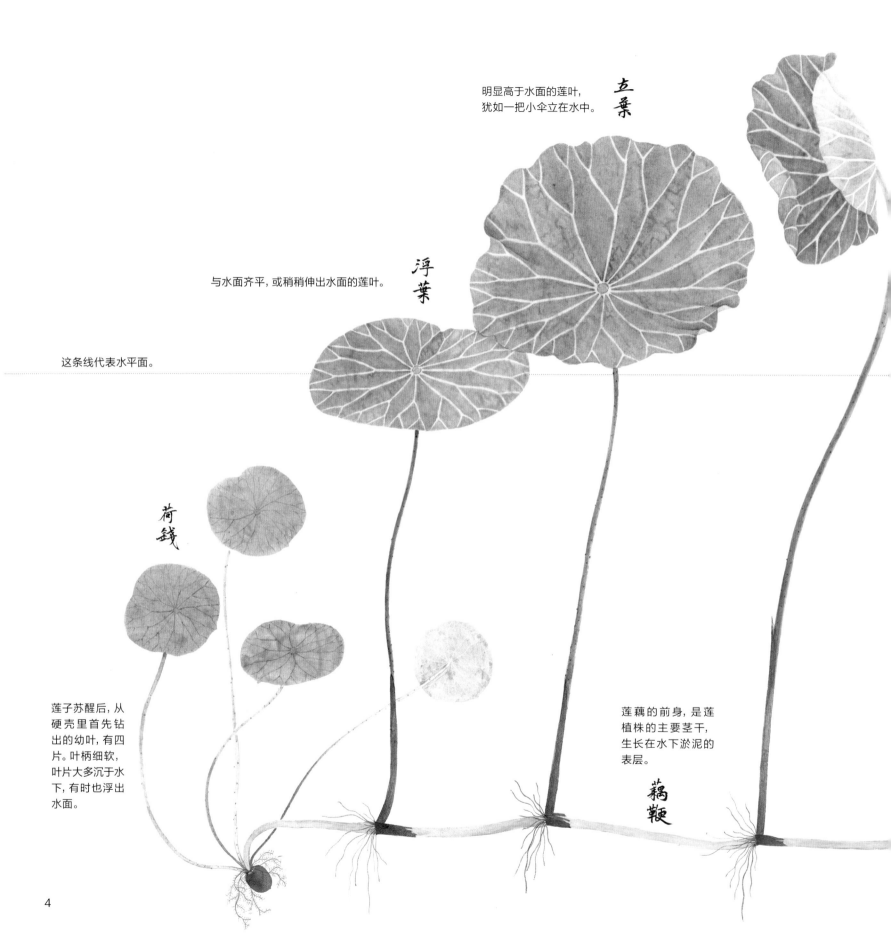

明显高于水面的莲叶，
犹如一把小伞立在水中。

立葉

浮葉

与水面齐平，或稍稍伸出水面的莲叶。

这条线代表水平面。

荷錢

莲子苏醒后，从
硬壳里首先钻
出的幼叶，有四
片。叶柄细软，
叶片大多沉于水
下，有时也浮出
水面。

莲藕的前身，是莲
植株的主要茎干，
生长在水下淤泥的
表层。

藕鞭

顶芽铆足了劲儿向前爬行，
从硬壳里抽出一条细细长长的藕鞭。
莲叶一片高过一片，比比看谁第一个冲上水面。

叶芽　　顶芽

莲叶幼时在水面下，两边相对内卷成梭形，这样可以大大减轻向上生长的压力。因此，刚出水面时，它呈现出"小荷才露尖尖角"的姿态。"荷"的本意即莲叶。

春夏交替之际，

第一把立叶终于挺出了水面！

叶片被健壮有力的叶柄高举着，尽情地吮吸阳光。

莲叶叶片中心的浅色圆点叫叶鼻，它与叶柄的顶端连通，是莲叶内部与外界交换气体的场所。

莲叶正面密布着看不见的纳米级蜡质茸毛，所以能"聚水成珠"。

7

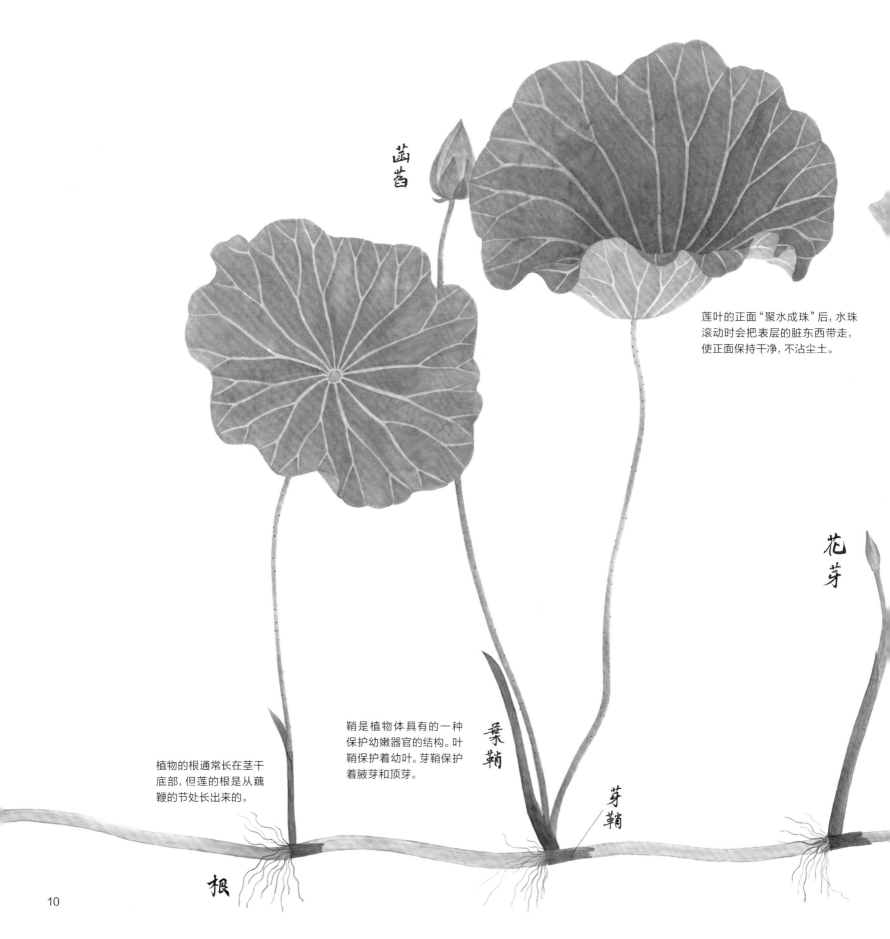

花蕾

莲叶的正面"聚水成珠"后,水珠滚动时会把表层的脏东西带走,使正面保持干净,不沾尘土。

花芽

鞘是植物体具有的一种保护幼嫩器官的结构。叶鞘保护着幼叶。芽鞘保护着腋芽和顶芽。

叶鞘

植物的根通常长在茎干底部,但莲的根是从藕鞭的节处长出来的。

芽鞘

根

莲叶背面的通气组织远比正面的发达，叶片内部的气体又能反射阳光，所以莲叶的背面看起来比正面苍白。

初夏，立叶的脚边冒出了第一个花芽。

咕噜——咕噜噜——

它贪婪地吸收绿叶和根送来的养分，

长成了含苞待放的花骨朵。

第一天黎明，

花骨朵膨胀，松开一个小口；

午后，它偷偷关闭了开口，好像什么都没发生过。

第二天清晨，
花冠充分舒展，散发着清香；
午后，它合拢了花瓣儿。

莲花的花冠日出打开，日落收合。
这样能使花朵内部保持恒温，利
于昆虫来访并传粉。

第三天，
花冠彻底张开；
傍晚，它习惯性地
收了收花瓣，却没有力
气合拢了。

在昼开夜合的节律中，莲花的雄蕊和雌蕊先后成熟了。

嗡嗡嗡——采集花粉和花蜜的小蜜蜂从这一株飞到那一株，忙得不亦乐乎。

蜜蜂在莲花之间飞舞，一边采蜜，一边传粉。

莲花的雌蕊最喜欢来自另一株莲的花粉，但等不到合适的花粉时，也能接受自己植株的雄蕊生产的花粉。

悄悄地，慢慢地，莲闭合了花瓣。哎呀，小蜜蜂还在里头采蜜呢！

直到次日清晨，莲花再次绽放，小蜜蜂才赶紧拍打着翅膀，逃了出去。

第四天，

花冠不再聚拢。

它静静地看着自己身上第一片花瓣脱落……

雄蕊

把这本书逆时针转 90°，藕鞭就像树木的主干，主干的节处也能长出分枝。

一个节处仅能生出
一片叶、一朵花。

藕节

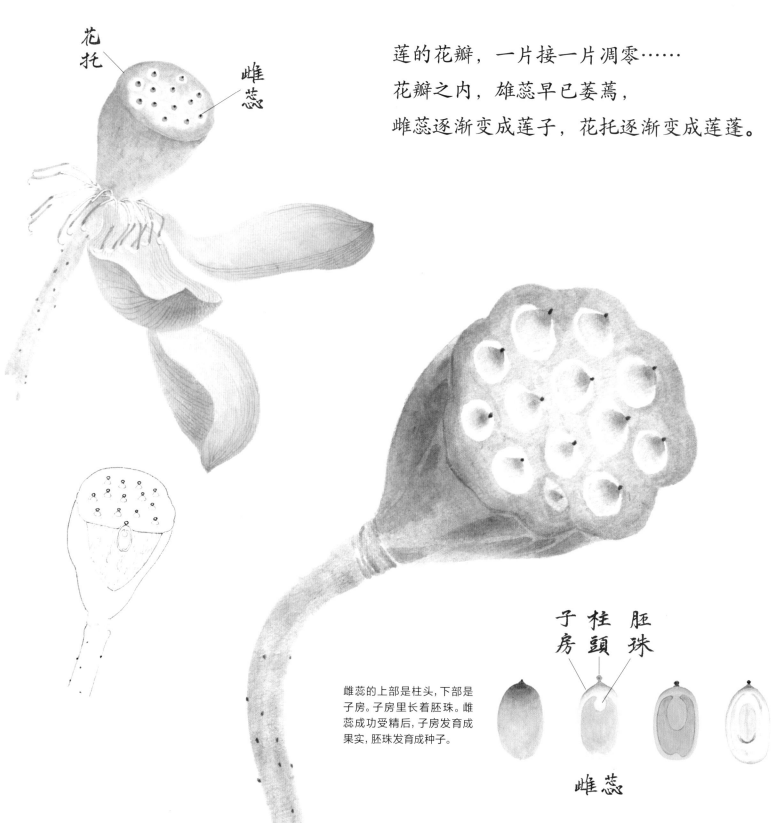

花托

雌蕊

莲的花瓣，一片接一片凋零……
花瓣之内，雄蕊早已萎蔫，
雌蕊逐渐变成莲子，花托逐渐变成莲蓬。

子房　柱頭　胚珠

雌蕊的上部是柱头，下部是
子房。子房里长着胚珠。雌
蕊成功受精后，子房发育成
果实，胚珠发育成种子。

雌蕊

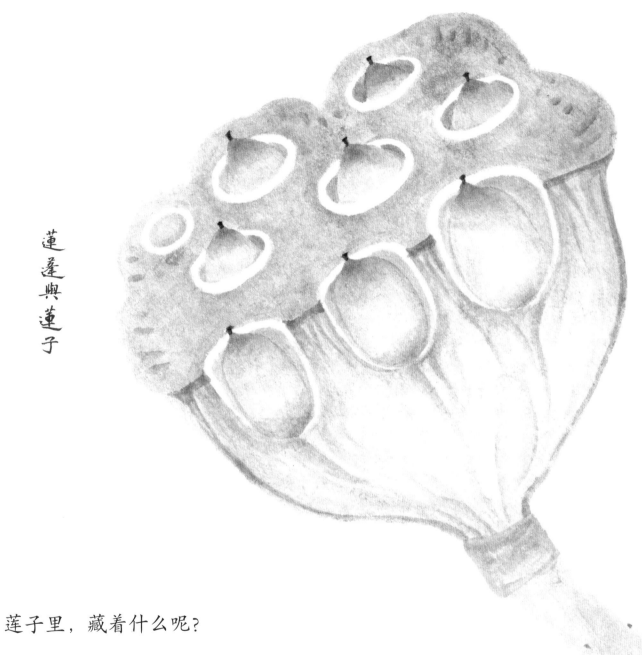

莲蓬与莲子

莲子里，藏着什么呢？

莲子里藏着莲的种子。
种子里藏着新的生命。

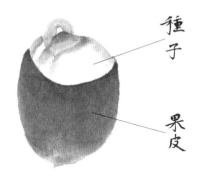

种子

果皮

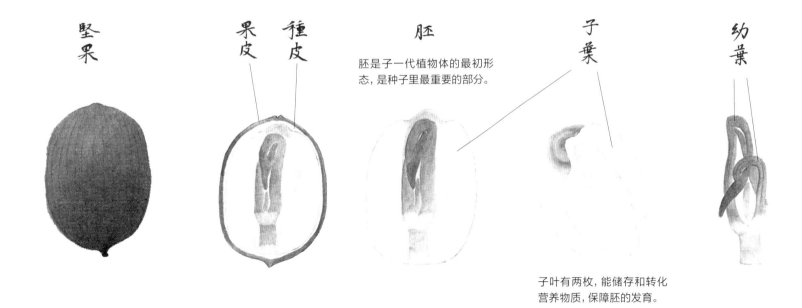

坚果

果皮

種皮

胚

胚是子一代植物体的最初形态，是种子里最重要的部分。

子叶

幼叶

子叶有两枚，能储存和转化营养物质，保障胚的发育。

莲子的寿命很长，在地下埋藏了上千年的古莲子，经过科学家的精心培养，仍然可以萌发。

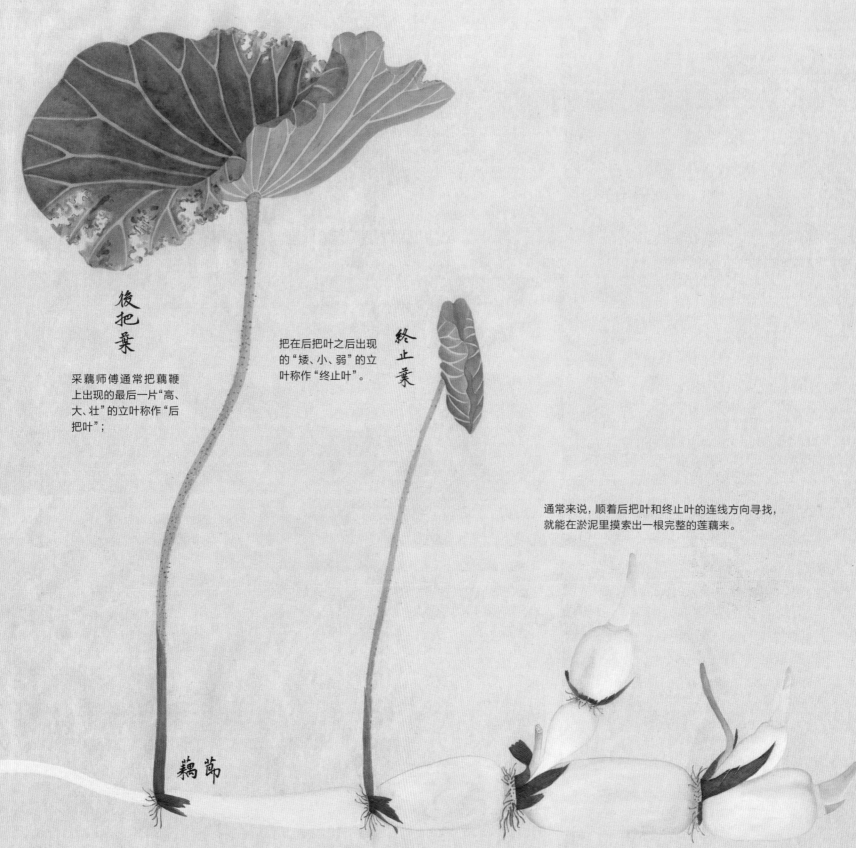

後把葉

采藕师傅通常把藕鞭上出现的最后一片"高、大、壮"的立叶称作"后把叶";

把在后把叶之后出现的"矮、小、弱"的立叶称作"终止叶"。

終止葉

通常来说，顺着后把叶和终止叶的连线方向寻找，就能在淤泥里摸索出一根完整的莲藕来。

藕節

一场秋雨一场寒。

莲的花和叶都衰败了，只剩几个莲蓬还挺立在水面上。

顶芽斜向下钻进淤泥里，长出了第一片后把叶。这时候，莲开始把所有养分都转运到藕鞭里贮藏。瘦瘦的藕鞭因此长成了胖胖的莲藕，以熬过即将来临的冬天。

莲的植物体内分布着四通八达的气体管道，它们向上通至叶片、花朵，向下到达不定根，构成了一个隐秘的通气网络。水面上的氧气进入莲的体内，沿着通气管道抵达藕（鞭）。所以莲生于水中，却不会窒息而亡。

桑鞘

夜，越来越漫长，越来越冷。

干枯的莲蓬怀抱着莲子，恋恋不舍地告别母体。

咚——

一颗莲子落入水中，迷迷糊糊睡着了……

春天又来了。

莲子醒了吗?

◎中国莲文化

莲是中国十大传统名花之一。自古以来，无论阳春白雪，抑或下里巴人，都毫不吝惜对莲的赞颂和刻画；诗、词、曲、赋、书、画、舞、瓷、雕等各式艺术作品中，莲的风采频频显现，不胜枚举。

《诗经》是我国第一部诗歌总集，诞生于西周初年至春秋中叶的五百年间，该书最早记载了莲这种植物。汉代乐府诗《江南》则是流传最广的咏莲诗之一，至今仍深受孩子们喜爱：

江南可采莲，莲叶何田田。鱼戏莲叶间。鱼戏莲叶东，鱼戏莲叶西，鱼戏莲叶南，鱼戏莲叶北。

自古以来，文人墨客总是喜欢细致观察这种独特的水生植物，并赋予它文化意涵。如：写藕鞭和立叶——泥根玉雪元无染，风叶青葱亦自香；写花蕾——微根才出浪，短干未摇风。宁知寸心里，蓄紫复含红；写莲叶不沾水——攀荷弄其珠，荡漾不成圆；写花蕊和藕丝——蕊中千点泪，心里万条丝；写花香——午梦扁舟花底，香满西湖烟水；写并蒂莲——灼灼荷花瑞，亭亭出水中。一茎孤引绿，双影共分红；写秋后残荷——干荷叶，色苍苍，老柄风摇荡。减了清香，越添黄。都因昨夜一场霜，寂寞在秋江上……

我国历代画家也喜欢以莲为题材进行创作。据唐代张彦远《历代名画记》载，梁元帝萧绎画的《芙蓉醮（zhàn）鼎图》，是我国最早的莲花主题绘画作品。之后唐、宋、元、明、清，直至近现代均有绘莲佳作问世，如五代时期画家黄筌的《三色莲图》、北京故宫博物院收藏的宋代吴炳名作《出水芙蓉图》、明代沈周和徐渭的水墨写意莲画。"浓彩透华，淡墨藏韵"，各画家眼中的莲各具姿态与魅力，或顾盼飞扬，或恬静淡然，或丰盈艳丽，或沧桑悲凉，无不透露着画家的思想感情。

◎俗名与含义

古人还给莲起了诸多雅致的别名，对于莲的指代各有侧重：

莲又名荷花（华）、水芙蓉、芙蕖（qú）、菡萏（hàn dàn）、水华、泽芝、水芸、藕花、芰（jì）荷等。"莲"本指果实和莲蓬；"泽芝"可指莲子；"菡萏"表示待放之花蕾；"芙蓉"表示盛放之花貌；"荷"意同"蕸（xiá）"，指叶，也同"茄（jiā）"，指立叶之柄，柄细长，却高举大叶片立于水中，"荷"字因而生出负荷（hè）之意；"芙蕖"表示莲的草本性质和旺盛长势；"水华""泽芝""水芸"既暗示莲的

生长环境，也寓意莲是一种芬芳美丽的草本开花植物……

明代李时珍在其著作《本草纲目》中解释："莲者连也，花实相连而出也。"可见"莲"名精辟概括了这种独一无二的水生开花植物的外观形态和生长习性。

◎莲的分类与分布

莲是一种古老的植物。古植物学家发现，距今约一亿三千五百万年前，北半球的水生环境中便生长着莲。经过漫长而残酷的自然选择，今天的莲家族（莲科）仅剩莲属，莲属仅存活两种：一种是莲（Nelumbo nucifera），分布在中国、俄罗斯、朝鲜、日本及印度、越南等亚洲南部国家，大洋洲也有分布，花色常为粉红或白色；另一种是美洲黄莲（Nelumbo lutea），分布在美洲，花色为黄色。如今两个同属物种经过人工杂交，已产生适应性和观赏性俱佳的园艺品种了。

◎如何科学地认识莲

我们只需掌握这些关键词——莲子、芽、藕鞭、叶、花、莲蓬、莲藕，就能全面地了解莲了。

莲子

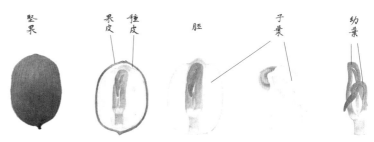

莲子虽小，却是一种果实，由一层果皮和一粒种子构成。种子又包括两个主要部分：种皮和胚。种皮膜质，似贴身衣裳紧紧裹着幼嫩的胚。胚是子代的雏体，具有两片明显的子叶和幼叶。肥厚的子叶主要功能是储存和转化营养物质，供应胚的发育，而且会吸水膨胀，撑裂坚硬的果皮，帮助幼叶循着裂缝钻出。所以莲子的食用部位，主要是"粮食仓库"——子叶。子叶常呈白色，中间夹着绿色的胚芽，整体好像迷你版幼苗，俗称"莲心"。莲心长着两片更迷你却已发育健全的莲叶，它们是胚的"幼

叶"。当莲子遇到合适的生长条件时，首先破壳而出的便是其中一片较大的幼叶。为了保护自己，莲心生产了生物碱和黄酮类化合物，制造出苦味，以警告企图食用莲心的动物。

莲子的寿命很长，在中国辽宁省大连市普兰店区、北京市西郊肖家河和日本千叶县，都曾考古发现上千年，甚至两千多年前的古莲子。种下去后，古莲子仍能萌发，并开出与今日基本相同的荷花。

莲子长寿的秘诀，主要在于它有结实致密的果皮。果皮阻挡了绝大部分微生物侵入莲子里头，同时使皮内种子与外界的水、气交换变得困难，从而抑制胚的新陈代谢，使莲子进入一种假死般的休眠状态。因此，坚硬且不透水、不透气的莲子只有微凹的一端破皮了，胚得到充足的氧气和水分，莲心才有可能苏醒萌动。

芽和藕鞭

莲子打破休眠后，胚的幼叶弯成一个尖，开始钻出硬壳，接着幼叶之间的芽发育出两片新的幼叶，这四片幼叶统称"荷钱"或"钱叶"。其叶柄细软，沉于水下，有时也浮出水面。

此后，顶芽（幼叶之间的芽）开始奋力向前延伸，形成细长、嫩白的地下茎——藕鞭，古称"蔤（mì）"。蔤具节，节处有

芽，芽抽生叶。叶柄顶住圆形叶片的中心向上生长，造型似盾，所以叫"盾状叶"，莲叶便是典型的盾状叶。叶柄基部残留着较小的芽鞘和较大的叶鞘，芽鞘外长了一圈不定根，用以吸收水分和矿物质。

叶

莲叶幼时两边相对向内卷成梭形，"小荷才露尖尖角"便指这初露水面的姿态。叶柄表面密布倒刺，但叶片表面顺滑干净，从不沾水，极

少积灰，似有自洁本领，为什么呢？

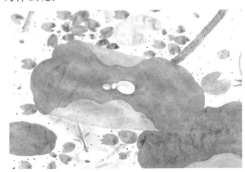

答案就在莲叶的显微结构上。用电子显微镜观察貌似顺滑的莲叶，会发现叶的上表皮由一个个特殊的表皮细胞组成。细胞的表面布满了高 10~20 微米、宽 10~15 微米的突起（一根亚洲人的头发，直径一般是 80~120 微米），同时附着了一层疏水的蜡。如此特殊的微米结构使得水滴落在莲叶上时，突起和蜡会把它和表皮细胞隔离开，水进而滚动形成水珠，同时带走叶表面上的脏东西，最终实现"洁身如玉"。

莲叶中心是一小块浅色、近圆形的叶鼻，为叶片内众多通气管道汇聚的场所。掀开叶鼻，叶柄里边有较大的气腔和宽窄不一的气管，纵向通至地下茎（藕鞭），与茎内的横向气道相连，进而到达其他节和叶。每天，大量气体畅行于四通八达的通气组织中，最后出入于叶表皮上的气孔，与外界进行气体交换。宽敞的"室内空间"同时存放着光合和  呼吸作用产生的氧气和二氧化碳，晴空骄阳下，莲叶的新陈代谢十分旺盛，导致体内充斥着大量气体而呈饱胀状态。这时，任意扎破一根置于水中的叶柄，就有气泡不断冒出。阳光照耀下，莲叶的背面总比正面显得苍白。这是因为气体分子能反射白光，而且叶背面的通气组织远比正面的发达，所以叶背看起来呈灰绿色。

从藕鞭的头几节抽出来的叶仍漂浮水面，被叫作"浮叶"。随着叶柄越发坚挺，第一把高立于水面的盾状叶——立叶终于出现，莲开始加快营养生长的步伐，越发喜阳好温，体内迅速积累养分，为进入生殖生长打好基础。

花与莲蓬

当顶芽从莲子一端费力地拉出若干节藕鞭后，莲由营养生长开始转为生殖生长。这时，从某一节健壮的立叶叶鞘内钻出了一颗比花梗粗一点的花芽。花芽与叶芽共享一片叶鞘，所以在土壤中，花梗与叶柄由于被叶鞘合围而紧紧相挨，直至钻出淤泥，冲破叶鞘，二者才有所分离。莲因此可以"出淤泥而不染"。每个节上通常只长一把立叶、一枝花。但花梗顶端偶尔会变异，冒出两颗花蕾，即为"并蒂莲"。

一朵野生的莲花约有二十个花瓣，花瓣聚生在花梗顶端——花托的下方，构成花冠。花冠之内是数百根雄蕊，围绕中央高耸的莲蓬（花托）生长。花托之内着生雌蕊，雌蕊受精后便发育成莲子。

莲的花期较长，一般能持续两个月；不同品种的莲，花期长短不一。持续的花期源于藕鞭上陆续绽放的每朵花；单独一朵花，实际开放的时间仅有三四天。

莲花有"睡觉"的习惯，即日出打开花冠，日落收合。这样的节律性运动，能使莲花内部保持恒温。相关研究表明，开花期间，花内温度可保持 30~35 摄氏度。

开花第一天，雄蕊群尚未成熟，雄蕊顶端的白色附属物在仍然合拢的花瓣的挤压下，齐齐扣在花托边；而雌蕊群先成熟，它们露在花托外的部位——柱头已分泌大量黏液，正焦急等待虫媒随身携带的外来花粉。第二天，柱头大多已经干枯，变得暗黄，幸运捕捉到合适花粉的雌蕊，也已成功受精；雄蕊群因花冠充分舒展而向外散开，同时雄蕊上黄色、长条形的部位进裂，散发大量花粉，香气更浓，引来更多昆虫造访。第三天，大多数雄蕊耷拉着，活力不再，花粉散尽；柱头全都萎缩，柱头之下，藏身于莲蓬中的雌蕊子房正孕育着新一代的生命雏体——胚。第四天，花瓣一片片凋落，雄蕊群和柱头彻底衰亡。

然而，幸运的雌蕊（子房）内部正发生翻天覆地的变化，母体也源源不断地向这里输送养分，以确保受精卵分化成健全的胚。大约一个月后，子房就变成了莲的果实——莲子。

随着莲子发育成熟，花托也逐渐膨大，由鲜黄变成碧绿，这时它有一个专门的称呼——"莲蓬"，又名"莲房""碧房""秋房"等。

莲藕

藕鞭不仅向前延伸、向上长叶开花，某些节处的侧芽还向一侧萌发，形成侧鞭。侧鞭又抽生侧鞭，如同树木的主干长出了层层分枝。莲由此在泥土里游走蔓延，搭建起一个内在贯通、外在层次分明的地下茎网络。"网络"的每个"节点"都可以生出叶芽、花芽和侧芽，它们的形态结构和生长方式均与主干的相同。

暑气消退之际，莲的生殖生长接近尾声，所有莲蓬也差不多发育成熟，但营养生长照旧进行。藕鞭的顶芽依然勇往直前、开辟道路。

从苗期至盛花期，立叶一节比一节增高；相反，盛花期过后，立叶越长越矮，叶片尺寸也一节比一节缩小。某一天，顺着顶芽行进的方向，在一把明显"高、大、壮"的立叶之前，藕鞭突然抽生一把明显"矮、小、弱"的立叶，高出水面一点，叶片两边内卷，绿中带红。此后，水面再无莲叶浮现，这意味着藕鞭已经发育成藕。

最了解莲生长的，莫过于植莲者和采藕人。辛苦劳作的采藕师傅，常将藕鞭上最后一片"高、大、壮"的立叶称作"后把叶"，在后把叶之后出现的"矮、小、弱"的立叶则为"终止叶"。后把叶的出现表明，

莲正把身体地上部分的营养全部转移到地下部分，从终止叶所在的节开始，节间迅速增粗加厚，积蓄养分。原本细长的藕鞭，就这样转变成肥壮的藕。智慧源于实践——采藕师傅知道，顺着后把叶和终止叶的连线方向寻找，就能在淤泥里摸索出一根完整的莲藕来。

第二年，将藕埋于土中，藕的顶芽又继续向前辟路，长出荷钱、浮叶和立叶，开启了莲的营养繁殖模式。

生生不息

纵观莲子到藕的成长历程，我们会发现，与大多数草本被子（开花）植物相比，莲进化出了很多独特的习性：营养生长阶段，只抽茎长叶，通过光合作用积累养分；到了生殖生长阶段，则一边陆续开花、结实，一边继续抽茎、长叶；生殖生长结束时，仍继续抽茎长叶，并把地上营养全部转移至地下茎——藕中储藏，以备明年营养繁殖之用。由此可见，营养生长贯穿了莲的整一年生长周期，生殖生长只是营养生长过程中一段华丽的插曲。这是莲之所以为多年生植物的秘诀。

莲在生长过程中还有一个充满趣味的特性，就体现在叶的高度上。如果把本书的四幅生长图按顺序拼接到一块，就会发现一组隐秘的山坡形"绿荷众生相"。顺着藕鞭的延伸方向，从荷钱到终止叶，众多莲叶用各自的高度勾勒出了"增高—顶峰—降低"的正态分布曲线，仿佛一曲起伏有致、婉转灵动的交响乐。

只要我们保持好奇心，愿意去探索，就会发现莲子生命旅程的无穷奥妙。

手写体名词对照表

荷錢	荷钱 4	葉芽	叶芽 5	雄蕊	雄蕊 19	蓮蓬與蓮子	莲蓬与莲子 23	種皮	种皮 25	後把葉	后把叶 26
浮葉	浮叶 4	頂芽	顶芽 5	藕節	藕节 20、26			種子	种子 25	終止葉	终止叶 26
立葉	立叶 4	菡萏	菡萏 10	柱頭	柱头 22		坚果 25	子葉	子叶 25	
藕鞭	藕鞭 4	葉鞘	叶鞘 10、27					幼葉	幼叶 25	